REGENBOGENFISCHE

DIE GATTUNG *MELANOTAENIA*

Heinrich Gewinner

Bildnachweis
Titelbild: *Melanotaenia boesemani* Fotos: H.-G. Evers
Bild Seite 1: *Melanotaenia herbertaxelrodi* Foto: H.-G. Evers

ISBN: 978-3-86659-154-7

© **2010 Natur und Tier - Verlag GmbH**
An der Kleimannbrücke 39/41
48157 Münster
www.ms-verlag.de
Geschäftsführung: Matthias Schmidt
Lektorat: Kriton Kunz
Layout: Tanja Denker
Druck: Druckhaus Fromm, Osnabrück

Inhalt

Weibchen ...
Foto: H. Gewinner

... und Männchen von
Melanotaenia
Foto: H.-G. Evers

Vorwort

Da sitzt man nebst Ehefrauen zusammen mit einigen anderen „Intensivtätern" in Sachen Aquaristik im Mai 2009 an einem sonnigen Spätnachmittag gemütlich auf einer Terrasse in Hamburg im Freien und fachsimpelt so vor sich hin. Der Grill ist reichlich bestückt, es gibt gute Weine aus dem Rheingau. Die Nacht bricht herein, die Farbe in den Gläsern hat von Weiß auf Rot gewechselt, und irgendwann, es war wohl schon Sonntag, kommt dann von Hans Evers, seines Zeichens Chefredakteur der AMAZONAS, der Satz: „Was du da im Lauf der letzten Stunden so alles über Regenbogenfische erzählt hast, das wäre doch Stoff für unsere Buchserie „Art für Art"

Melanotaenia boese-mani, fotografiert im Becken von Thomas Hörning
Foto: H.-G. Evers

aus dem Natur und Tier - Verlag".

Er war noch so nett, mir das näher zu erklären, nach einem weiteren Gläschen hab ich wohl genickt. Jetzt haben wir Mitte Februar 2010, draußen ist es kalt, und es schneit. Vom anderen Ende der Telefonleitung kommt die Frage: „Wie weit bist du, wir bräuchten das Ganze bis Ende März".

Versprochen ist versprochen, und so sitze ich jetzt am Computer und überlege mir, wie ich Einsteigern – und besonders für sie ist dieses Buch als Ratgeber ja gedacht – Appetit auf meine besonderen Lieblinge machen kann: Thema sollen die „Melanotaenias" sein – lassen Sie uns loslegen! Aquaristik ist mein Hobby, ich betreibe es aus Spaß an der Freud, und genau daran möchte ich Sie teilhaben lassen.

Heinrich Gewinner,
Bensheim, im Sommer 2010

Ein ganz klein wenig Geschichte

Sing Sing, ein Tanzfest
auf Papua-Neuguinea
Foto: H.-G. Evers

Wussten Sie schon?

Alle Regenbogenfische kommen, grob ausge-
drückt, von der Nordhälfte Australiens und
den nördlich davon befindlichen Inseln ein-
schließlich Neuguineas, die früher einmal mit
Australien verbunden waren. Eine Art schaffte
es allerdings bis fast nach Südost-Australien.

Bild unten links: *Mela-
notaenia duiboulayi*,
Fundort Kangaroo Creek
Foto: G. Schmida

Bild unten rechts: *Me-
lanotaenia maccullochi*
Foto: H. Gewinner

Im Jahr 1841 sammelt der Brite John Gilbert
den ersten Regenbogenfisch und bringt ihn
zur wissenschaftlichen Erstbeschreibung
nach England, wo er letztendlich bei John
RICHARDSON landet, der ihn im Jahr 1843 als
Atherina nigrans beschreibt. In der Folge
werden immer häufiger neue Arten aufgesammelt und beschrieben.

Zu dieser Zeit waren die Schiffe der
verschiedenen Nationen ein rundes dreivier-
tel Jahr unterwegs, bevor sie Australien oder
umgekehrt Europa erreichten. Die meisten
lebenden Tiere und insbesondere Fische hätten solche Reisen nicht
überstanden. Darum dauerte es bis zum Jahre 1927 – der Suezkanal
war inzwischen gebaut und auch die Schiffs-
schraube samt den dazugehörigen Antrieben
war erfunden –, bis die ersten Regenbogenfische lebend nach Europa kamen. Ein Deutscher mit Namen Amandus Rudel war etwa
im Jahre 1920 nach Brisbane ausgewandert.
Zu Beginn des Jahres 1927 beschrieb er in
der „Wochenschrift für Aquarien- und Terrarienkunde" seine Erlebnisse dort und was er
in Teichen rund um seine neue Heimatstadt so alles aufgesammelt hatte.
Und er bot auch an, Tiere nach Deutschland zu verschicken. Ernst Mau
aus Berlin las diesen Artikel und setzte sich mit ihm in Verbindung.

Schon sehr bald traten drei Paare der von Rudel als *Melanotaenia nigrans* bestimmten Tiere die Reise nach Europa an. Zwei
Paare davon erreichten Berlin lebend. Als Herr Mau in die Sommer-
ferien gehen wollte, übergab er beide Paare an den Berliner Tier-

ATHERINA NIGRANS (*Nob.*), The Yalgurnda.

No. 9. Mr. Gilbert's list.

Mr. Gilbert informs us that this little fish is a tolerably abundant inhabitant of the freshwater streams that flow into the harbour of Port Essington, and that it is very easily taken with a hook baited with flies or fresh meat. Yalgurnda is its native name. It is a member of that group of Atherines which is characterized by the peculiar angular form of the mouth. Five American examples of the group, and one from New Holland, the *A. Jacksoniana*, are described in the 'Histoire des Poissons.' The Yalgurnda inhabiting the opposite extremity of the Australian continent to *Jacksoniana* is readily distinguished from it by its higher form, fewer rays in the first dorsal, and black lateral band, instead of a bright silvery and green one.

The profile of the Yalgurnda is a pretty regular ellipse, which is terminated anteriorly by the thin jaws, and posteriorly by the trunk of the tail, whose height is about one-tenth of the total length of the fish, while the greatest altitude of the body is one-fourth of that length. The dorsal and anal curves are similar, and the first dorsal fin commences on the summit of the arch of the back, and a little posterior to the anal spine. The first ray of both dorsals, of the anal and of the ventrals, is moderately strong with a pungent tip,

the Ichthyology of Australia. 181

differing in th[...] aspect from the same rays in most Atherines, which have them equally slender and flexible with the other rays. *Ath. Humboldtiana* alone, of the species figured in the 'Histoire des Poissons,' seems to have the anterior ray of these fins stiff and pungent. The four posterior rays of the first dorsal are very slender and flexible, and the two nearest to the spine have filamentous tips overtopping it by half their height. The spine of the second dorsal is slightly curved, and shorter than the jointed ray which immediately succeeds it. The fin rises somewhat as it runs backwards, and ends in an acute point, which reaches to the base of the caudal. The anal is very similar to the second dorsal and is equally pointed, but its spine is scarcely so long. The naked trunk of the tail, bounded by the three vertical fins, forms more than a seventh part of the entire length of the fish. The ventrals are attached before the middle of the pectorals, and their soft rays end in a thread-like tip, which overlaps the commencement of the anal. The pectoral is acute, its fourth and fifth rays being the longest: the lower ray which forms it, giving a rounded form to that part of the fin. The caudal is forked.

RAYS :—D. 1|4—1|12; A. 1|18; C. 17½; P. 13; V. 1|5.

The head forms a fifth part of the length of the fish; the snout is flat, and the intermaxillaries are horizontal near the symphysis, but their limbs bend at a right angle: the lower jaw has a similar but less acute flexure. The teeth, moderately strong, stiff, and sufficiently visible to the naked eye, form a narrow villiform stripe on each jaw. The edges of the vomer and palate-bones are rough to the touch, but a common eye-glass is insufficient to show their teeth. The diameter of the small eye is just equal to the portion of the snout which lies before it. The preoperculum forms an acute angle, as in the Mullets, and there are three rows of scales on the triangular cheek enclosed by its limbs, a larger scale covering the corner of the bone. The scales of the body are large, there being only thirty on the lateral line, exclusive of several small ones on the base of the caudal. A vertical row on the most elevated part of the side contains ten scales, of which four are above the lateral line and five below it. The disposition of the scales is in very regular longitudinal rows, the exposed disc of each forming a vertical ellipse acute at both ends, and approaching to a hexagon. The lateral line is marked by a pore in the disc of each of its scales, which are similar in size and form to the others on the body. An even black stripe, coincident with the scales of the lateral line, terminates at the base of the caudal, and is continued forwards over the gill-cover, upper half of the eye, and sides of the snout. This black stripe replaces the usual silvery lateral band, of which there is no other vestige. All the scales above it have narrow black borders, which produce rows of meshes. The scales below the band are destitute of dark markings. There are some blackish tints on the fins, most evident on the dorsals.

DIMENSIONS.	inches.	lines.
Length from upper teeth to tip of caudal fin	3	2
—————————— base of caudal	2	8

DIMENSIONS (*continued*).	inches.	lines.
Length from upper teeth to beginning of second dorsal	1	8
—————————— first ditto	1	4
—————————— anal	1	3
—————————— ventrals	1	11½
—————————— pectorals	0	8
—————————— edge of gill-cover	0	7¾
Diameter of the eye	0	2
Length of snout before the eye	0	2
Height of body	0	9
Length of naked part of tail	0	4½

[To be continued.]

pfleger Werner Rehacek vom Berliner Aquarium, dem es sehr schnell gelang, Nachzuchten zu erzielen und Tiere weiterzugeben. Und diesem Herrn glückte es auch, das erste Schwarzweißfoto eines Regenbogenfisches zu machen.

Bis etwa 1933 finden sich regelmäßig Berichte von verschiedenen Autoren in Fachzeitschriften, danach wird es still um diese Tiere. Heute weiß man, dass es sich in Wirklichkeit um *M. duboulayi* handelte, eine Art also, von der heute viele Fundortvarianten bekannt sind.

Im Jahr 1934 importierte das Aquarium Hamburg, wohl ebenfalls über Rudel, die Art *M. maccullochi*, die in der Nähe von Cairns gesammelt worden war. Zwölf Tiere traten die Reise zu Fritz Mayer nach Hamburg an. Zwei Paare erreichten ihn lebend, und im Mai 1935 veröffentlichte er im damals wohl beliebtesten Aquarienmagazin, „Wochenschrift für Aquarien- und Terrarienkunde", den ersten Haltungs- und Zuchtbericht über diese Art.

Heute gibt es auch davon eine ganze Reihe von Fundortvarianten sowohl aus Australien als auch aus Neuguinea in der Aquaristik. Ja, diese Art wird sogar manchmal als Beleg dafür aufgeführt, dass Australien und Neuguinea früher verbunden waren und sich erst spät durch Erdverschiebungen getrennt haben.

Danach wurde es, ganz sicher bedingt durch den heraufziehenden Zweiten Weltkrieg, erst einmal still um Neuimporte. Die Menschen

Mit dieser Erstbeschreibung beginnt die Geschichte der Regenbogenfische

Glossolepis
multisquamata,
Fundort Lake Kli
Foto: H. Gewinner

Chilatherina
alleni, Siriwo
Foto: J. Graf

Gattungen

Im Augenblick sind folgende Gattungen von Regenbogenfischen bekannt:

Cairnsichthys
Chilatherina
Glossolepis
Iriatherina
Kiunga
Melanotaenia
Pelangia
Pseudomugil
Rhadinocentrus
Scaturiginichthys

Im vorliegenden Buch befasse ich mich jedoch ausschließlich mit den *Melanotaenia*-Arten.

hatten damals ganz andere Sorgen, und so verwundert es nicht, dass erst in den beginnenden 50er-Jahren ganz langsam wieder Aquaristik betrieben wurde und auch das Interesse an Neuimporten zunahm. Dazu kam noch, dass sich die Reisezeiten durch die Einführung des Luftverkehrs auf Bruchteile verkürzten. So erreichen heute Transportflugzeuge im Nonstopflug von Australien aus Europa in weniger als 20 Stunden.

Auf der einen Seite waren und sind es reisende Aquarianer, die aus aller Welt Tiere mitbringen. Speziell bei Regenbogenfischen kommen aber auch ab etwa 1970 zwei Menschen dazu, die seit dieser Zeit zunächst in Australien und bald darauf ebenso in Neuguinea jährlich neue Arten fanden. Der eine, Dr. Gerald R. Allen, beschreibt seit dieser Zeit mit schöner Regelmäßigkeit neue Arten, teils alleine, teils auch mit anderen zusammen. Er nahm auch, solange das möglich war, lebende Tiere nach Australien mit, wo sie teilweise von ihm, aber auch von anderen vermehrt und weitergegeben wurden. Der zweite ist Heiko Bleher, dem seit damals jährlich der Import neuer Arten nach Europa gelingt. Viele der heute hier gehaltenen Arten verdanken wir ihm.

Die Herren Gilbert Maebe (Belgien) und Franz Peter Müllenholz (Köln) sind seit geraumer Zeit fast jedes Jahr zusammen mit ihren Ehefrauen in Australien unterwegs. Viele der wunderschönen Fundortvarianten von *M. trifasciata* stammen von ihren Aufsammlungen. Im Jahr 2008 war aber beispielsweise auch Johannes Graf (Wesseling) zusammen mit den Herren Dan Dorith (Neuguinea) und Gerry Lang (USA) in West-Papua unterwegs und fand dort interessante Regenbogenfische. Diesen Aquarianern gelangen mittlerweile auch die ersten Nachzuchten, wie beispielsweise von *M. praecox* von bisher nicht bekannten Fundorten oder von *Chilatherina alleni* und *Glossolepis multisquamata*, ebenfalls von neuen Fundorten.

Arten

Zusammengetragen nach den Aufzeichnungen der CALIFORNIA ACADEMY OF SCIENCES, Stand 15. Januar 2010, umfasst die Gattung *Melanotaenia* momentan die folgenden anerkannten Arten (schwarze Schrift: in Europa vorhanden; blaue Schrift: noch nicht eingeführt):

Melanotaenia affinis (WEBER, 1907)
Melanotaenia ajamaruensis ALLEN & GROSS, 1980
Melanotaenia ammeri ALLEN, UNMACK & HADIATY, 2008
Melanotaenia angfa ALLEN, 1990
Melanotaenia arfakensis ALLEN, 1990
Melanotaenia australis (CASTELNAU, 1875)
Melanotaenia batanta ALLEN & RENYAAN, 1998
Melanotaenia boesemani ALLEN & CROSS, 1980
Melanotaenia caerulea ALLEN, 1996
Melanotaenia catherinae (DE BEAUFORT, 1910)
Melanotaenia corona ALLEN, 1982
Melanotaenia duboulayi (CASTELNAU, 1878)
Melanotaenia eachamensis ALLEN & CROSS, 1982
Melanotaenia exquisite ALLEN, 1978
Melanotaenia fluviatilis (CASTELNAU, 1878)
Melanotaenia fredericky (FOWLER, 1939)
Melanotaenia goldiei (MACLEAY, 1883)
Melanotaenia gracilis ALLEN, 1978
Melanotaenia herbertaxelrodi ALLEN, 1981
Melanotaenia irianjaya ALLEN, 1985
Melanotaenia iris ALLEN, 1987
Melanotaenia japenensis ALLEN & CROSS, 1980
Melanotaenia kamaka ALLEN & RENYAAN, 1996
Melanotaenia kokasensis ALLEN, UNMACK & HADIATY, 2008
Melanotaenia lacustris MUNRO, 1964
Melanotaenia lakamora ALLEN & RENYAAN, 1996

Melanotaenia maccullochi OGILBY, 1915
Melanotaenia maylandi ALLEN, 1983
Melanotaenia misoolensis ALLEN, 1982
Melanotaenia monticola ALLEN, 1980
Melanotaenia mubiensis ALLEN, 1996
Melanotaenia nigrans (RICHARDSON, 1843)
Melanotaenia ogilby WEBER 1910
(war schon lebend in Europa)
Melanotaenia oktediensis ALLEN & GROSS, 1980
Melanotaenia papuae ALLEN, 1981
Melanotaenia parkinsoni ALLEN, 1980
Melanotaenia parva ALLEN, 1990
Melanotaenia pierucciae ALLEN & RENYAAN, 1996
Melanotaenia pimaensis ALLEN, 1981
Melanotaenia praecox (WEBER & DE BEAUFORT, 1922)
Melanotaenia pygmaea ALLEN, 1978
Melanotaenia rubripinnis ALLEN & RENYAAN, 1998
Melanotaenia rubrostriatus (PETERS, 1866)
Melanotaenia sexlineata (MUNRO, 1964)
Melanotaenia solata TAYLOR, 1964
Melanotaenia splendida (PETERS, 1866)
Melanotaenia sylvatica ALLEN, 1997
Melanotaenia synergos ALLEN & UNMACK, 2008
Melanotaenia trifasciata (RENDAHL, 1922)
Melanotaenia utcheensis McGUIGAN, 2001
Melanotaenia vanheurni (WEBER & DE BEAUFORT, 1922) war schon lebend in Europa

Ein Aquarium für
Regenbogenfische als
Blickfang im Wohn-
zimmer
Foto: H. Gewinner

Haltung

Regenbogenfische kommen in den meisten Fällen mit aus der Leitung stammendem Wasser gut zurecht. Es sind alles sehr schwimmfreudige Tiere, und einzelne Arten erreichen bei guter Pflege und vor allen Dingen ausreichendem Schwimmraum schon einmal Größen von mehr als 16 cm.

Von der einen oder anderen Ausnahme wie beispielsweise *M. maccullochi* oder *M. praecox* vielleicht einmal abgesehen, sollten Sie alle Arten in Becken von mindestens 1 m Breite und 50 cm Tiefe unterbringen – je größer, desto besser. Aber auch bei den wenigen klein bleibenden Arten sind Becken ab 80 cm kein Luxus, denn diese Fische brauchen einfach Platz zum Herumtoben, besonders wenn sie am Laichen sind – und das tun sie ja praktisch täglich. Die Tiere werden es Ihnen mit Lebhaftigkeit und Farbenpracht danken. Wenn Ihnen das Aquarium dann zu wenig belebt erscheint, können Sie ein paar Exemplare mehr einsetzen. Gruppen von wenigstens 5–7 Tieren wirken wesentlich besser, sind doch die Männchen der einzelnen Arten mit ihrem Imponiergehabe ein toller Anblick.

Die Bepflanzung der Becken ist dann ideal, wenn sich robuste und große Pflanzen in der Nähe der Rückwand befinden, einen Teil der Oberfläche abdecken und auch dicht genug stehen. Die Begründung dafür ist sehr einfach: Die Tiere sind schon deshalb, weil das Futterangebot ja meistens reichlich ist, in „guter Stimmung" und „unternehmungslustig". Wenn die Männchen dann etwas jagen, dann ist das meistens nicht das Futter, sondern es sind die Weibchen. Wenn die Männchen das dann gar zu toll treiben, sollten den Weibchen reichlich Versteckmöglichkeiten zur Verfügung stehen. Eine Solitärpflanze wie

Der Praxistipp

Wer seine Becken schneller besetzen möchte, kann bei der Erstbefüllung des Aquariums einen hochwertigen Wasseraufbereiter hinzugeben.

eine schöne *Echinodorus*-Art im Hintergrund eignet sich hier hervorragend. Nun braucht eine solche Pflanze aber auch die Möglichkeit, vernünftig festwachsen zu können, und um dies zu gewährleisten, sind 8 cm Bodengrund nicht zu viel. Darum sollte eine Beckenhöhe von mindestens 50 cm gewählt werden.

Kommen wir zur Beleuchtung: Je höher man sein Becken wählt, umso mehr Licht wird benötigt, und wenn Sie schon einmal in südlichen und warmen Ländern unterwegs waren und fotografiert haben, wird Ihnen aufgefallen sein, wie weit Sie die Blende ihrer Kamera schließen und wie kurz Sie die Verschlusszeit einstellen müssen, um nicht überzubelichten. Genau in solchen Gefilden aber wachsen unsere Wasserpflanzen. Zu viel Licht können Sie also gar nicht einsetzen.

Ein wichtiger Punkt ist auch die Filterung. Wofür Sie sich dabei entscheiden, hängt von den gegebenen Möglichkeiten ab – es gibt die unterschiedlichsten Systeme, ob Innen- oder Außenfilter. Regenbogenfische lieben stark sauerstoffhaltiges und sauberes Wasser, ein kleiner Blubberfilter in der dunkelsten Ecke kann also nicht der Weisheit letzter Schluss sein. In meinem größten Becken im Wohnzimmer habe ich eine Filterkammer eingeklebt, die mit unterschiedlichen Filtermedien bestückt ist, bei denen ich Teilreinigungen vornehmen kann.

Der Praxistipp

Am besten kommen die Farben der Tiere heraus, wenn sie mindestens einen Teil des Lichtes von vorne (schräg oben) bekommen. Leuchten Sie die Tiere einfach einmal mit einem Strahler oder einer Taschenlampe von vorne an, dann verstehen Sie sofort, was ich meine.

Melanotaenia boesemani liebt wie alle Regenbogenfische sauerstoffreiches, sauberes Wasser
Foto: H.-G. Evers

Ich wälze das Wasser darin mit einer Motorpumpe um. Dabei ist mir eine Wasserbewegung an der Oberfläche wichtig. Bei hohen Temperaturen kann ich einen Luftdiffusor zur zusätzlichen Sauerstoffsättigung anbringen.

Alle Becken im Keller haben ein unter dem Namen „Hamburger Mattenfilter" bekannt gewordenes System, das ich mit Luft betreibe.

Biotop von *Melanotaenia monticola*
Foto: F. Bleher

Diese Filter sind großflächig und befinden sich immer auf einer der Schmalseiten der Becken. Auch damit komme ich gut zurecht.

Bedenken Sie jedoch immer eines: Regenbogenfische sind gute Fresser. Bei allem, was so ein Filter aus Ihrer „Pfütze" – und mehr ist ein Aquarium ja nicht – herausnehmen kann, um regelmäßige Wasserwechsel werden Sie nicht herumkommen.

Bei der Wahl der Wassertemperatur ist zu berücksichtigen, dass Regenbogenfische in ihren natürlichen Verbreitungsgebieten in etwas unterschiedlichen Klimazonen leben, in Neuguinea etwa von Gewässern kaum über Meereshöhe bis hinauf auf 1.800 m (*M. monticola*).

In Australien machen weniger hohe Berge als vielmehr die riesigen Entfernungen von Nord nach Süd die klimatischen Unterschiede aus. Von der Nordspitze der Cape-York-Halbinsel bis Süd-Australien beträgt die Entfernung (Luftlinie) immerhin ca. 3.800 km, und in dieser Richtung nimmt die Temperatur immer mehr ab. Daher sind in der Südhälfte Australiens kaum Regenbogenfische zu finden. Im südlichsten Vorkommensgebiet der Regenbogenfische, etwa von *M. splendida tatei*, trifft man im dortigen Winter (unserem Sommer) schon einmal Tiefsttemperaturen bis etwa 10 °C an.

All meine Tiere – und dabei handelt es sich schon um einen Querschnitt von Arten der meisten Fundorte sowohl in Australien wie auch Neuguinea – leben einmal im Wohnzimmer in einem 720-l-Becken bei normalen Zimmertemperaturen. Im Winter allerdings schalte ich die Bodenheizung (50 Watt) über eine Schaltuhr zusammen mit den Lampen ein und erreiche so eine Wassertemperatur von etwa 23–24 °C.

Ähnliches gilt auch für meinen Fischkeller. Darin gibt es eine normale Raumheizung, etwas zusätzliche Wärme geben die über den Becken befindlichen Lampen ab, und der mehrmals am Tag laufende Luftentfeuchter bringt auch ein wenig. Vor allen Dingen aber hält er die Raumtemperatur durch die Umwälzung der Luft in den oberen und unteren Regalen auf etwa gleicher Höhe. Erreicht wird so eine Beckentemperatur um die 24 °C. Und bei dieser Temperatur ziehe ich auch all meine Arten nach.

Teilansicht der Zucht-
anlage des Autors
Foto: H. Gewinner

Wenn bei mir überhaupt einmal Probleme mit den Temperaturen auftreten, so ist das immer im Sommer der Fall. Ich lebe an der „sonnigen
Bergstraße", und da passiert es schon einmal, dass wir, besonders in
den letzten Jahren, über einen längeren Zeitraum hinweg Werte von
über 30 °C erreichen – mit ähnlich hohen Werten im Wohnzimmer.
Das darauf zurückzuführende Unwohlsein sieht man den Tieren sehr
schnell an. In solchen Fällen führe ich zusätzliche Wasserwechsel mit
kaltem Leitungswasser durch, um die Werte nicht deutlich über 25 °C
hinaus ansteigen zu lassen.

Nachzucht

Die Nachzucht ist mit den heutigen Möglichkeiten, auch aufgrund des Futterangebotes im stationären Fachhandel und im Internet, in den meisten Fällen überhaupt kein Problem.

Wenn ich einmal einige Jungfische einer Art erhalten möchte, hänge ich einfach einen Wollmopp mit reichlich braunen und dunkelgrünen Fäden, die bis zum Boden reichen, ins Becken. Schon am nächsten Tag sind darin in den meisten Fällen ausreichend Eier zu finden, bei manchen Arten und entsprechender Besetzung bis zu mehrere Hundert. Ich lese nun die Eier aus dem Mopp und gebe sie bis zum Schlüpfen der Jungen in eine Plastikschale. Das Wasser darin versehe ich mit einem Tropfen eines handelsüblichen Mittels gegen Verpilzung – Erlenzäpfchen oder die Rinde des Seemandelbaumes tun es auch. Nach etwa acht Tagen tauchen dann die Jungfische auf.

Etwas sollten Sie bei dieser Art der Vermehrung allerdings bedenken: Sie funktioniert nur dann reibungslos, wenn Sie nur eine Art im Becken pflegen. Ansonsten kommt es mit Sicherheit zu unerwünschten Kreuzungen. Wenn Sie also mehrere *Melanotaenia*-Arten gemeinsam im Aquarium halten, sollten Sie die gewünschte Art zur Vermehrung ins Artbecken setzen. Spätestens am nächsten Tag läuft dann alles genauso ab wie gerade beschrieben. So verfahre ich übrigens auch, wenn ich von einer Art einmal mehr Jungfische erzielen will. Dann richte ich ein Becken mit wenigstens 80 cm her, in das ich entweder Wollmops gebe oder noch lieber Bündel von Wasserpflanzen wie beispielsweise Javamoos. Bei *M. boesemani* reichen zwei Männchen und vier Weibchen aus. Wenn Sie die Alttiere nach einer Woche aus diesem Becken nehmen, werden Sie allerspätestens am nächsten Tag schon zahlreiche Jungfische entdecken. Und seien Sie dann nicht überrascht, wenn da nach einer Woche mehr als 500 Exemplare zusammengekommen sind. Reichlich füttern sollten sie die Elterntiere während der Laichphase allerdings schon, sonst sind sie eifrig damit beschäftigt, das Laichsubstrat nach Eiern abzusuchen.

Nicht nur *Melanotaenia boesemani*, auch die übrigen Arten lassen sich normalerweise problemlos vermehren
Foto: G. Schmida

Von Art zu Art fallen unterschiedlich große Eier an, man muss sich also um entsprechendes Aufzuchtfutter kümmern. Bei wenigen Jungtieren reicht da manchmal schon ein alteingerichtetes Becken mit Bewuchs, da finden die Jungtiere genügend Futter für die ersten Tage. Im anderen Falle helfen beispielsweise Pulver von *Chlorella vulgaris*, aber auch künstliches Futter wie beispielsweise Fluid von JBL oder Sera micron. Spätestens, wenn die Jungtiere nach 8–14 Tagen Microwürmchen oder frisch geschlüpfte Artemien nehmen, ist das Härteste schon überstanden. Hinsichtlich der Größe des Futters sollten Sie bedenken, dass die Mäulchen der Jungtiere in etwa die gleiche Größe haben wie die Augen. Mehrmalige kleine Futtergaben, die rasch aufgefressen werden, sind von Vorteil – bei zu heftiger Fütterung sind die Wasserwerte schnell außerhalb des günstigen Bereichs. Viel Spaß beim ersten Versuch!

Wenn ich ein Stückchen weiter vorne geschrieben habe, dass ich oft nur wenige Jungfische der einzelnen Arten aufziehe,

Bild oben rechts: Zur Zucht eingesetzte Utensilien
Foto: H. Gewinner

Bild oben links: Laichmopp im Zuchtbecken
Foto: H. Gewinner

Bild unten rechts: Laichmopp mit Eiern von *Melanotaenia* sp. „Aru 4"
Foto: H. Gewinner

Der Praxistipp

Wasserpflanzen als Laichsubstrat haben u. a. folgenden Vorteil: Daran befindet sich stets eine große Anzahl an Kleinstlebewesen, die den Jungfischen in den ersten Tagen als Zusatzfutter dienen.

Halbwüchsige Regen-
bogenfische im Nach-
zuchtbecken
Foto: H. Gewinner

dann hat das seinen guten Grund: Regenbogenfische wachsen langsam, und die einzelnen Arten brauchen sehr lange, bis erste Farban-
sätze zu sehen sind. Die eine oder andere Art benötigt sogar bis zu
zwei Jahre, bevor sie ihr volles Farbkleid zeigt. Um sie während dieser
Zeit stets artgerecht zu versorgen und in guter Verfassung zu halten,
reicht Trockenfutter nicht aus. Und bei einem Becken mit, sagen wir
mal, 50 Tieren ist eine Tafel Frostfutter kein wirklicher Vorrat für Tage.
Und dann gehen Sie mit so einer „grauen Maus", die nach einem hal-
ben Jahr mal eben maximal 5 cm erreicht hat, zu einem Händler und
fragen ihn, ob er Interesse hat. Mit viel Glück und wenn der Händler

Halbwüchsige *Mela-
notaenia maccullochi*
Foto: H. Gewinner

Wenige Tage alte
Jungtiere von *Mela-*
notaenia sp. „Aru 2"
Foto: H. Gewinner

denn weiß, was aus diesen Tieren einmal wird, wird er Ihnen dann 2 Euro und vielleicht noch etwas hinter dem Komma anbieten und zehn oder maximal 20 Exemplare abnehmen. Sie können sicher sein, die haben da allein schon das Doppelte verfressen …

Noch etwas in diesem Zusammenhang: Je weniger Tiere Sie in einem Aquarium aufziehen, umso besser wachsen diese – dann kommen Sie bei den meisten Arten auch mit einem Teilwasserwechsel wöchentlich aus. Mir persönlich reicht das aus, und neben Nachzuchttieren für meinen persönlichen Bestand bleiben auf diese Weise immer noch ein paar übrig, die ich dann mit anderen Regenbogenfischfreunden tauschen kann.

Zum Abschluss des Themas Nachzucht habe ich noch eine große Bitte an Sie: Ziehen Sie die einzelnen Arten und auch innerhalb der Arten die einzelnen Fundortvarianten jeweils separat nach, um Kreuzungen zu vermeiden. Ich habe schon viele Exemplare aus Kreuzungen gesehen – schöner fallen diese meistens nicht aus. Bedenken Sie dabei auch, dass Sie die Tiere über einen langen Zeitraum hinweg füttern müssen und erst ganz am Schluss bemerken, dass sich das Kreuzungsexperiment in keiner Weise gelohnt hat.

Ziehen Sie die einzelnen Arten und Varianten wie hier *Melanotaenia* sp. „Aru 2"
stets separat nach
Foto: H.-G. Evers

Futter

Das Thema Aufzuchtfutter habe ich schon ein Kapitel weiter vorne angesprochen. Hier nun noch ein paar grundlegende Bemerkungen zu artgerechtem Futter für erwachsene Exemplare.

„Was fressen erwachsene Regenbogenfische?", sollte man so vielleicht gar nicht fragen, denn die Frage ist vielmehr: „Was fressen die eigentlich nicht?" Und dies lässt sich leicht beantworten: Das, was beim besten Willen nicht ins Maul passt. An warmen Sommerabenden gegen die Aquarienbeleuchtung fliegende Insekten wie beispielsweise ein ausgewachsener „Brauner Bär" stellen da noch nicht die Obergrenze da. Ab und zu bringe ich meinen Fischen aus dem Garten ein paar halbwüchsige Regenwürmer mit. Einer allein kann die zwar nicht auf einmal schlucken, aber nach ganz kurzer Hetzjagd durchs Aquarium hängt nach Sekunden ein zweiter Fisch am anderen Ende des Wurmes, und gemeinsam kriegen sie ihn klein.

Halten wir fest: Lebendfutter ist sehr beliebt und wird mehr als gierig gefressen – wohl dem, der noch die Möglichkeit zum Tümpeln hat und das Futter für seine Fische selbst suchen kann; die Möglichkeiten dazu werden leider immer schlechter.

Früher, als es das im Zoohandel noch gab, kaufte ich regelmäßig größere Mengen lebende *Tubifex* und bot sie meinen *Melanotaenia* nach einer Woche Zwischenhälterung über einen entsprechenden Futterring an. Auch lebende weiße Mückenlarven gab es literweise.

Der Praxistipp

Wenn beispielsweise aus den roten Mückenlarven einer Frostfutterpackung beim Auftauen eine Brühe so rot wie Blut herausläuft, suche ich nach einem anderen Lieferanten. Man kann dann nämlich davon ausgehen, dass es sich um zwischendurch umgepackte und wieder eingefrorene Ware handelt oder dass zumindest die Kühlkette unterbrochen war.

Wohlgenährte *Melanotaenia trifasciata*, Fundort Pappan Creek
Foto: G. Schmida

Melanotaenia
lakamora
Foto: G. Schmida

Heutzutage erhält man Lebendfutter leider nur noch in kleinsten Mengen in kleinen, mit Wasser gefüllten Plastikbeutelchen, was für mich bei rund 30 vorhandenen Aquarien und mindestens drei Beuteln pro Becken heißen würde: 90 Beutelchen bräuchte ich schon, ich wäre längst ein armer Mann. Und so verfüttere ich seit einigen Jahren regelmäßig aufgetaute weiße, rote oder schwarze Mückenlarven, die in Tafeln oder in Blistern zu haben sind. Angesichts des hohen Bedarfs meiner Aquarienpfleglinge kaufe ich regelmäßig große 1.000-g-Tafeln, die sind relativ gesehen preislich wesentlich günstiger als kleinere Tafeln. Daneben gibt es noch viele andere Frostfuttersorten, beispielsweise ausgewachsene Artemien – schauen Sie sich einfach mal um.

Außer tiefgefrorenem Futter gibt es auch viele gefriergetrocknete Sorten, *Tubifex* in Würfeln beispielsweise, die oben bereits erwähnten Mückenlarven, *Artemia*, Bachflohkrebse und einiges andere. Alle *Melanotaenia*-Arten nehmen auch gerne Trockenfutter und Granulate, das Angebot hierzu ist reichlich. Bei Trockenfutter setze ich immer eine der hier in Deutschland hergestellten Premiumsorten ein, die zwar etwas teurer sind als minderwertigeres Flockenfutter, dafür kann ich dann aber auf die heute oftmals angepriesene Zugabe von Vitaminen verzichten. Granulatfutter gibt es mittlerweile auch in Sorten, die schon sehr früh bei der Aufzucht als Ersatz für lebende Artemien eingesetzt werden können. Ich verwende als kleinste Körnung 0,1–0,3 mm.

Krankheiten

In aller Regel sind Regenbogenfische sehr robust und bei auftretenden Krankheiten auch einfach zu behandeln. Wenn die Tiere in einem gepflegten Aquarium mit regelmäßigem Wasserwechsel leben und die Wasserwerte ab und zu überprüft werden, werden kaum Krankheiten auftreten. Je nach Art werden die *Melanotaenia* unter solchen Haltungsbedingungen sehr alt. Als ich im Jahr 1988 in die IRG (Internationale Gesellschaft für Regenbogenfische) eintrat, schenkte mir eines der Mitglieder aus Frankfurt ein ausgewachsenes Pärchen *M. splendida rubrostriata*. Die beiden Fische schwammen bis 2007 im großen Wohnzimmeraquarium, bevor sie dann kurz hintereinander starben. Sie wurden also gut 20 Jahre alt.

Wenn bei meinen *Melanotaenia* trotz aller Robustheit doch einmal Probleme auftreten, geschieht das meist dann, wenn ich etwas Neues ins Aquarium gesetzt habe. Daran muss dann nicht in jedem Fall der Vorbesitzer des frisch eingesetzten Tiers schuld sein. Oftmals brechen Krankheiten nach Stress wie beispielsweise durch das Herausfangen und lange Transportwege aus. Auch weist natürlich jedes Aquarium andere Wasserwerte und auch andere Mikroorganismen auf. Im Normalfall kommen die Tiere mit latent stets vorhandenen Krankheitserregern gut zurecht, und ihr Immunsystem verhindert ein Ausbrechen eines gesundheitlichen Problems, das dann erst durch Stress zutage gefördert wird.

Und so viele Vorteile selbst gesammeltes Lebendfutter oder gekauftes Frostfutter auch bieten mögen, man muss immer damit rechnen, sich auch damit etwas „einzufangen", bei Lebendfutter beispielsweise Hydren, bei Frostfutter Eier oder Larven von Parasiten, die auch durch die Tiefkühlung nicht abgetötet wurden.

Ganz entscheidend bei allen auftretenden Krankheiten ist es, erst einmal klar zu erkennen, worum genau es sich handelt. In den meisten Fällen hilft da schon ein genaues Hinsehen weiter, evtl. unter Zuhilfenahme eines Vergrößerungsglases. Ein Fachbuch kann ebenfalls sehr dienlich sein, beispielsweise „Krankheiten der Aquarienfische" von Dieter UNTERGASSER. Auch haben Sie im Fall der Fälle ganz sicher die Möglichkeit, in einem guten Zoofachgeschäft Rat zu holen. Und der VDA (Verband deutscher Aquarien- und Terrarienfreunde e.V.) betreibt unter der Leitung von Dieter Untergasser eine „Arbeitsgruppe Fischkrankheiten", die sich regelmäßig trifft. Dort wird man Ihnen gerne weiterhelfen, ja Sie können sogar Fische zur Untersuchung einschicken. Näheres dazu im Internet.

> **Der Praxistipp**
>
> Neu erworbene Fische sollten Sie einige Wochen in Quarantäne halten, damit sich an die für sie zunächst fremden Wasserverhältnisse gewöhnen können. Sollten Krankheiten auftreten, kann man sie im Quarantäneaquarium gezielt bekämpfen.

Eine Gruppe kerngesunder *Melanotaenia parva*
Foto: H.-G. Evers

Wurde ermittelt, was den Tieren wirklich fehlt, so greife ich meist auf handelsübliche Präparate zurück. In den Beipackzetteln finden Sie bei allen namhaften Herstellern recht exakte Hinweise zur Dosierung und gegebenenfalls auch zur eventuell erforderlichen mehrfachen Anwendung. Sie sollten mit jedem dieser Mittel mit der gebotenen Vorsicht umgehen, nicht umsonst arbeiten professionelle Tierpfleger beispielsweise in Zoos mit Gummi- oder Stülphandschuhen, wenn sie in Becken hantieren müssen, in denen Medikamente eingesetzt wurden. So wie diese Medikamente über die Schleimhäute in den Fisch eindringen, so geschieht das u. U. auch über die menschliche Haut.

Letztendlich sind gut gepflegte Aquarien mit Pflanzen und regelmäßigen Wasserwechseln die beste „Krankenversicherung".

Melanotaenia parva
Foto: H.-G. Evers

Melanotaenia herbert-axelrodi, zwei Männchen beim Imponieren
Foto: H.-G. Evers

Aquarienfotografie

Über dieses Thema gibt es einiges an Literatur, vom einfachen Taschenbuch bis hin zu umfangreichen Fachtiteln. Dennoch möchte ich an dieser Stelle ein paar Worte dazu verlieren, denn viele Aquarianer reizt es ja sehr, ihre Lieblinge möglichst ansprechend abzulichten. Grundsätzlich ist dieses Ansinnen in den letzten Jahren dank der Digitalfotografie sehr viel einfacher und auch kostengünstiger geworden. Bei den ersten Versuchen wird man allerdings meist sehr schnell feststellen, dass das Ergebnis in keiner Weise den Erwartungen entspricht. An diesem Punkt sollte der Aquarianer keinesfalls aufgeben, dafür aber nachdenken und sich einige Fragen stellen, beispielsweise: Will ich mein Aquarium fotografieren oder die darin befindlichen Tiere? Beides zusammen wird in den meisten Fällen nicht funktionieren. Ein im Raum stehendes und einigermaßen gut ausgeleuchtetes Aquarium kann man schon mit einer normalen Kamera problemlos fotografieren. Anders ist das bei den Fischen, insbesondere bei den stets recht schnell umherschwimmenden Regenbogenfischen. Hier sollten Sie schon eine Spiegelreflexkamera oder etwas Ähnliches einsetzen, auch ein von der Kamera aus steuerbarer Blitz leistet hervorragende Dienste. Die heute in der Werbung als Nonplusultra aufgeführten hohen Zahlen für Megapixel sind für die meisten Zwecke nicht einmal so wichtig. Ich selbst benutze ein etwas älteres Modell mit fünf Millionen Pixeln – das genügt auch heute noch voll meinen Ansprüchen. Alle in diesem Buch zu sehenden Fotos von mir entstanden mit dieser Kamera. Ich mache diese Bilder mit einer hohen Blendenzahl, was mir etwas mehr Tiefenschärfe verschafft, und mit ausgeschalteter Automatik. Dabei erziele ich die besten Ergebnisse

Ausgewachsenes
Männchen von *Mela-
notaenia praecox*
Foto: H. Gewinner

mit einem eigens aufgestellten Fotobecken mit einer geringen Tiefe. Dieses Becken hat seinen festen Platz, ist stets gefiltert und belüftet, außerdem mit dunklem Bodengrund versehen. Je nach Fischart suche ich vorher ein paar Pflanzen aus, die ich dann entsprechend gruppiere.

Wenn Sie das auch mal ausprobieren wollen: Setzen Sie Ihre Stars am Abend vor der Fotosession ein und decken Sie das Becken komplett ab, damit die Tiere darin in der Dunkelheit zur Ruhe kommen. Wenn Sie dann am nächsten Tag alles bereit haben, nehmen Sie die Umhüllung ab und schalten Sie das Licht ein. Die Tiere sind sehr schnell wach, und die Männchen fangen fast immer nach wenigen Minuten in ihrer leuchtendsten Farbenpracht an, den Weibchen zu zeigen, was für „schöne Kerle" sie doch sind. Dabei lassen sie sich auch nicht von dem Geblitze der Kamera stören. Oft schon nach 20 Minuten hat man eine Anzahl gelungener Fotos zur Auswahl.

Was heute schon für Fotoamateure machbar ist, möchte ich Ihnen mit dem Bild oben von *M. praecox* zeigen. Der Fisch ist auch einigermaßen gut getroffen, doch oh Schreck, ich hab es erst gemerkt, als ich mir das Foto auf dem Rechner anschaute: Die Scheiben waren ziemlich mit Algen bewachsen. Ich hätte nun erst einmal die Scheiben putzen und es erneut probieren können. Aber ob sich der Fisch wieder genauso kooperativ zeigen würde, blieb dahingestellt. Also ging ich einen anderen Weg. Die Scheiben putzte ich trotzdem, aber dann suchte ich mir einen schönen Pflanzenausschnitt aus und fotografierte ihn in aller Ruhe. Dank unterschiedlichster Bearbeitungsprogramme ist es heute überhaupt kein Problem mehr, den Fisch auszuschneiden und in das Pflanzenbild hineinzukopieren. Hätten Sie es ohne diesen Hinweis bemerkt? Und nun viel Spaß bei Ihrem ersten Versuch!

Art für Art

Getreu dem Motto dieser Reihe folgen nun Angaben zu einzelnen Arten. Da das vorliegende Buch in erster Linie für Einsteiger gedacht ist, sind die Arten nicht alphabetisch geordnet, sondern ich werde zunächst ein paar sehr einfach zu haltende, auch im Zoohandel zu beschaffende und leicht nachzuziehende Arten vorstellen.

Wussten Sie schon?

Es ist sinnvoll, die wissenschaftlichen Namen der jeweiligen Arten zu verwenden, denn zu vielen existieren mehrere deutsche Namen – letztlich Fantasiebezeichnungen, die am Ende nicht weiterhelfen. Ich richte mich hier nach den Fischkatalog der CALIFORNA ACADEMY OF SCIENCES. Unter der Homepage **http://researcharchive.calacademy.org/research/ ichthyology/catalog/fishcatmain.asp** kann man sich jederzeit über den aktuellen Stand der *Melanotaenia*-Systematik informieren.

Melanotaenia boesemani ALLEN & CROSS, 1980
Boesemans Regenbogenfisch

Bei Boesemans Regenbogenfisch dürfte es sich um die am häufigsten zu habende Art der Gattung und noch dazu um einen der schönsten Regenbogenfische handeln. Wer sich entschließt, sich diese Tiere zuzulegen, sollte u. a. auch wissen, dass die in der Literatur oftmals genannte Größe von 13 cm nicht das Ende der Fahnenstange darstellt. Ich habe in großen Aquarien schon Prachtexemplare mit über 16 cm gesehen. Auch meine *M. boesemani* können offenbar nicht lesen und wachsen jedes Jahr ein klein wenig weiter.

Melanotaenia boesemani beim Gähnen
Foto: H. Gewinner

Bekannt im Hobby sind diese Tiere seit etwa Mitte der 1980er-Jahre, nachdem Heiko Bleher zusammen mit Dr. Allen im November 1982 am Ajamaru-See war und dort in einem Zufluss Exemplare fing, die er mit nach Europa brachte, wo sie schnell in großen Mengen nachgezogen wurden. Genau an derselben Stelle wurde übrigens auch das Blauauge (*Pseudomugil reticulatus*) gefunden.

An dieser Stelle hat Heiko Bleher sowohl *Melanotaenia boesemani* als auch später *Pseudomugil reticulatus* gefunden
Foto: H. Bleher

Die ersten Tiere dieser Art waren allerdings bereits 1948/49 im Ajtinjo-See von einer schwedischen Expedition gesammelt und in Alkohol nach Schweden verbracht worden.

In der Zeit von Oktober 1954 bis Mai 1955 war eine niederländische Expedition unter Leitung von Marinus Boeseman dort auf einer Sammelreise, aber auch er kümmerte sich anschließend nicht um eine Erstbeschreibung der Art. Diese erfolgte erst, nachdem Dr. Allen Mitte der 70er-Jahre die präparierten Tiere in einem niederländischen Museum gefunden und zur Erstbeschreibung mit nach Australien genommen hatte. Zu Ehren von Boeseman, dessen Expedition außer vielen anderen Spezies auch eine ganze Reihe von Regenbogenfischarten aufgesammelt hatte, nannte ALLEN die Tiere *M. boesemani*.

Pseudomugil reticulatus
Foto: H. Gewinner

Inzwischen fand man außer in den beiden bereits genannten Seen Exemplare dieser Art auch im Lake Hain und im Lake Uter. Alle Fundorte liegen in hügeligem Gelände in etwa 250 m ü. NN, etwa 120 km südöstlich von Sorrong in West-Papua.

Im Aquarium sind diese Tiere sehr anpassungsfähig. Bei mir leben sie in Leitungswasser mit einer Gesamthärte von etwa 16° dGH und einem pH-Wert von knapp über 7. Im Winterhalbjahr betragen die Wassertemperaturen 23–24 °C, im Sommer kämpfe ich manchmal mit zusätzlichen Wasserwechseln gegen zu hohe Temperaturen an. Wer den Fischen während der kühlen Phase zuschaut, der versteht das sofort, denn sie fühlen sich dabei äußerst wohl. Und wenn die Männchen nicht gerade hinter den Weibchen her sind, dann führen sie stundenlange Schaukämpfe aus.

Es ist eine der am leichtesten nachzuziehenden Arten. Die Eier sind relativ groß, und die Jungtiere nehmen schon nach wenigen Tagen Artemien. Einzelheiten dazu finden Sie weiter vorne.

Melanotaenia boesemani, Weibchen
Foto: H. Gewinner

Wussten Sie schon?

Die Unterscheidung der Geschlechter ist bei Regenbogenfischen recht einfach, denn die Männchen sind schöner gefärbt und meist auch größer als die Weibchen. Im einen oder anderen Fall, wo es nicht ganz so leicht ist, finden Sie entsprechende Hinweise in den jeweiligen Artporträts.

Melanotaenia boesemani, Pärchen
Foto: H. Gewinner

Melanotaenia lacustris MUNRO, 1964
Kutubu-Regenbogenfisch

Diese Art stammt aus dem Lake Kutubu, wo sie, wie etwa zehn weitere Arten auch, endemisch (ausschließlich) lebt. Zuerst gefunden wurde diese Art im Jahre 1955 vom Offizier einer australischen Patrouille, der präparierte Tiere an Ian MUNRO schickte. Dieser nahm im Jahr 1964 die Erstbeschreibung vor.

1985 besuchte Heiko Bleher den Kutubu-See und brachte erstmals lebende Tiere mit nach Europa. Bei einem weiteren Besuch von Bleher, dieses Mal zusammen mit Dr. Allen, nahm er weitere 70 Exemplare mit zurück nach Europa. Bis heute gehen alle hier lebenden Individuen auf diese beiden Importe zurück. So etwas auch einmal zu erwähnen, ist wichtig, hält sich doch immer noch hartnäckig das Gerücht, die Aquaristik mit ihren Naturentnahmen trage ein gerüttelt Maß zur Schuld am Rückgang der Arten in der Natur bei.

Auch diese Art stellt keine besonderen Ansprüche und vermehrt sich ohne große Mühen seitens des Aquarianers. Wenn ich denn ein paar Jungfische brauche, setze ich meine beiden Pärchen in ein Ablaichbecken mit großem Wollmopp. Nach maximal drei Tagen nehme ich die Alttiere heraus, und nach einer Woche schwimmen Jungfische. Aufzucht wie S. 14 vorne beschrieben.

Die Art wird mit zunehmendem Alter immer hochrückiger, Tiere mit einer Höhe von 5 cm bei einer Länge von 10 cm sind keine Seltenheit. Ja, die Relation Höhe zu Breite lässt sogar Rückschlüsse auf das Alter der Tiere zu.

Melanotaenia lacustris
Foto: F. Gewinner

Melanotaenia praecox
(WEBER & DEBEAUFORT, 1922)
Diamant-Regenbogenfisch, Neon-Regenbogenfisch u. a.

Melotaenia praecox ist eine der wenigen Arten, die seit Mitte der 1990er-Jahre regelmäßig im Zoohandel erhältlich sind. Wissenschaftlich bekannt ist die Art aber schon wesentlich länger.

Ab Beginn des 20. Jahrhunderts waren die Niederländer im Bereich des fünften Kontinents in Sachen wissenschaftlicher Forschungen äußerst aktiv, zumal sie dort Kolonien unterhielten. Und so sammelte W.C. VAN HEURN im Jahre 1910 im Bereich des Mamberamo und des

Melanotaenia praecox
Foto: G. Schmida

Wagopa River u. a. auch 71 Exemplare dieser Art und brachte sie in Alkohol zurück in die Niederlande, wo DE BEAUFORT und WEBER im Jahre 1922 die wissenschaftliche Erstbeschreibung vornahmen. Besagter van Heurn hatte weitere Regenbogenfische gesammelt, einen davon benannten beide Herren im selben Jahre ihm zu Ehren *M. vanheurni*.

Nun verlieren ja konservierte Tiere meist ihre Farbe und sehen mehr oder weniger grau aus. Die ganze Pracht dieser Fische blieb deshalb lange Zeit unbekannt – bis zu Beginn der 1990er-Jahre, als Dr. Allen sie wiederentdeckte und wohl Heiko Bleher davon berichtete. Letzterer begab sich 1992 an den Fundort, und es gelang ihm 13 Exemplare zu fangen und lebend zurück nach Deutschland zu bringen, wo sie schnell in Mengen nachgezogen werden konnten. Die Ersten davon wurden auf der Interzoo im Jahr 1994 verkauft. All die großen Mengen an Fischen dieser Art in Europa gingen also bis vor kurzem auf 13 Wildfänge zurück.

Erstfang von *Melanotaenia praecox*
Foto: F. Aquapress

In die USA gelangte diese Art im Jahre 1991 über Charles Nishihira, der sie von einem einheimischen Aquarianer in West-Papua erhalten hatte. Im Jahr 2008 waren der US-Amerikaner Gary Lange und Johannes Graf im Verbreitungsgebiet unterwegs, und sie brachten neue Wildfänge zwecks Blutauffrischung der Bestände sowohl in die USA als auch nach Deutschland. Die ersten Nachzuchten davon sind inzwischen zu haben.

Männchen dieser Art werden größer, höher und zeigen blutrote Flossen, Weibchen sind blasser und besitzen orange Flossen.

Weiter vorn habe ich bereits erwähnt, dass Regenbogenfische besonders gut aussehen, wenn sie Seitenlicht bekommen. *Melanotaenia praecox* ist die Art, auf die das am allermeisten zutrifft. Ich erreiche diesen Effekt mit drei an der Decke zusätzlich angebrachten Halogenstrahlern, die immer dann eingeschaltet werden, wenn Besucher sich für das Aquarium interessieren.

Diamant-Regenbogenfische werden nicht so groß wie die meisten anderen *Melanotaenia*-Arten, etwa 8 cm in großen Becken ist schon das Maximum. Daher kann man diese Art auch in kleineren Becken ab 80 cm Länge pflegen. Ihre Ansprüche an Wasser und Beckeneinrichtung unterscheiden sich nicht von denen anderer Arten, und auch eine Nachzucht funktioniert problemlos. Die Jungen schlüpfen recht klein, darauf muss man bei der Auswahl des Futters Rücksicht nehmen. Nach zehn bis maximal 14 Tagen nehmen sie aber bereits Artemien.

Allerdings muss ich hier noch eine Bemerkung zur Nachzucht nach-
schicken: Bei diesen Fischen handelt es sich um wunderschöne Tiere
sowohl hinsichtlich ihrer Form als auch in Bezug auf die überaus
prächtigen Farben. Es ist eine Schande, was nach wenigen Jahren
durch Massennachzuchten teilweise aus diesen Tieren geworden ist.
Das trifft übrigens nicht nur auf den Handel zu, auch Zierfischbörsen
sind davon nicht ausgenommen. Ich kann es Freunden unseres
Hobbys daher nur ans Herz legen, sich die Tiere genau anzuschauen,
die man erwirbt. Besonders wer nachzüchten möchte, sollte nur auf
gesunde und voll ausgefärbte Tiere zurückgreifen, denn nur damit sind
gute Ergebnisse zu erzielen. Von häufig anzutreffenden Exemplaren
mit walzenförmigem Körper sollte man die Finger lassen. Wenn Jungtiere durch Gabe von Mastfutter (gemahlenes Forellenfutter beispielsweise) in kürzester Zeit verkaufsreif gemacht werden, hat man später
keine Freude daran. Ähnliches gilt für Exemplare mit Schäden am
Auge – es sieht oftmals aus, als sei das Auge ausgelaufen.

Melanotaenia parva ALLEN, 1990
Kurumoi-Regenbogenfisch

Das Artepitheton „parva" steht zwar für „klein", aber auch hier können
meine Fische leider nicht lesen: Meine größten Exemplare standen
nach einigen Jahren *M. boesemani* so weit gar nicht mehr nach und
hatten die 10 cm locker überschritten.

Melanotaenia parva,
F_2-Tiere
Foto: G. Schmida

Entdeckt wurde diese schöne Art im Jahre 1989 während einer Expedition in die Bintuni-Bay, die von Westen her die Vogelkop-Halbinsel fast vom übrigen West-Papua abtrennt, und genau an dieser Engstelle kommen die Fische vor.

Zehn Jahre später schaffte es Heiko Bleher im dritten Anlauf, ebenfalls bis zu diesem See vorzudringen, der nur etwa 500 x 800 m groß ist, und dort Tiere zu sammeln. Er brachte sie mit nach Europa, wo sie sehr schnell nachgezogen werden konnten. Ich bekam schon bald danach erste F_1-Nachzuchten und hatte ab Weihnachten 2000 reichlich Nachkommen dieser Art, die ich an andere IRG-Mitglieder weitergeben konnte. Im Handel dagegen trifft man diese toll gefärbte Art eigentlich recht selten an.

Als weitere Art von dieser Reise brachte Bleher auch *M. angfa* mit, die im nahe gelegenen Yakati River lebt und ganz sicher auch nahe verwandt mit *M. parva* ist. Um hier auf Dauer Verwechslungen auszuschließen, trennte ich mich kurz entschlossen von meinen *M. parva*. Dennoch traten Probleme mit der Nachzucht der *M. angfa* auf.

*Melanotaenia parva,
kurz nach dem Fang
im Kuromoi-See
Foto: H. Bleher*

*Melanotaenia parva,
drei Generationen
später
Foto: R. Hannemann*

*Melanotaenia parva mit gut 12 cm, aufgenommen in einem Großaquarium
Foto: W. Servatius*

Die erste Generation kam farblich noch so einigermaßen an das wohl einzige von Dr. Allen stammende Foto eines erwachsenen Tieres in der grellen goldgelben Färbung heran, doch wechseln meine Jungtiere von Generation zu Generation immer mehr in einen intensiven Orangeton über, und ich denke, in weiteren 2–3 Generationen wird kein Unterschied mehr zu *M. parva* zu erkennen sein.

Melanotaenia australis Castelnau, 1875
Westlicher Regenbogenfisch

Als Francis DE LA PORTE CASTELNAU – sein kompletter Name ist noch um einiges länger – im Jahr 1875 diesen Fisch als *Neoatherina australis* beschrieb, ahnte er ganz bestimmt noch nicht, welch komplexe systematisch/taxonomische Namenshistorie folgen würde. Wir als Aquarianer

*Melanotaenia australis, Green Ant Creek
Foto: G. Schmida*

Melanotaenia australis,
Manning Creek
Foto: G. Schmida

Melanotaenia australis,
Finnis River
Foto: G. Schmida

können nur hoffen, dass die zuletzt von ALLEN im Jahr 2002 in seinem Buch „Freshwater Fishes of Australia" vorgenommenen Neugruppierungen nunmehr einen längeren Bestand haben werden. In diesem Zusammenhang passt auch die jetzt wieder separat geführte Art *M. solata*. Diesen wunderschönen Fisch haben wir ja über viele Jahre als *M. splendida australis*, Fundort Cambolgie Creek, in unseren Becken gehalten und auch vermehrt.

Melanotaenia australis,
King Edward River
Foto: G. Schmida

Das Verbreitungsgebiet von *M. australis* erstreckt sich über die Pilbara- und Kimberleyregion bis zum Northern Territory, letztendlich also von Ashburton River in West-Australien bis zum Adelaide River nahe Darwin.

Zahlreiche voneinander abweichende Fundortvarianten sind auch dank reisender Aquarianer hier bei uns in Europa im Aquarium vorhanden, und diese Formen sollten wir auch getrennt halten und züchten, um all ihre Unterschiede zu erhalten.

Exemplare aus der Kimberley-Region zeigen oft blutrote Flossen, solche aus dem Drysdale River auf der Seitenmitte einen einfarbigen, schwarzen Doppelstreifen. Im Drysdale River leben die Tiere zusammen mit *M. gracilis*. Tiere aus dem King Edward River sind deutlich heller, solche aus dem Black Elvira Creek und dem Ord River nicht sehr farbig, dagegen zeigen Funde aus dem Victoria River einen bläulichen Anhauch im oberen und unteren Schwanzbereich.

Melanotaenia duboulayi (CASTELNAU, 1878)
Großer Regenbogenfisch

Melanotaenia cf. *duboulayi*, Fundort Gin Gin Creek
Foto: G. Schmida

Zur Entdeckungsgeschichte dieser Art habe ich bereits weiter vorne einige Worte geschrieben. Heute kennen wir viele, teilweise prächtig gefärbte Fundortvarianten in Europa. Wer danach sucht, wird ganz

Melanotaenia dubou-layi, Fundort Kin Kin
Foto: G. Schmida

Bild unten links: *Melanotaenia duboulayi*, Fundort Gin Gin Creek
Foto: G. Schmida

Bild unten rechts: *Melanotaenia duboulayi*, Fundort Chrismas Creek
Foto: G. Schmida

sicher bei einigen IRG-Mitgliedern fündig. Die Nachzucht der Tiere erfolgt wie weiter vorne beschrieben. Und auch hier gilt wieder: Bitte vermischen Sie nicht verschiedene Fundortvarianten.

Melanotaenia dubou-layi, Fundort Richmond River
Foto: G. Schmida

*Melanotaenia
herbertaxelrodi*
Foto: G. Schmida

Melanotaenia herbertaxelrodi ALLEN, 1981
Tebera-Regenbogenfisch

Nach Hinweisen begaben sich im September 1980 Dr. Gerald Allen
und Brian Parkinson in ein hügeliges Gebiet, das etwa 410 km nord-
westlich von Port Moresby auf etwa 800 m ü. NN liegt, und sammelten
dort in einem kleinen Klarwasserbach etwa 4 km oberhalb des Lake
Tebera Fische, von denen sie zuvor nur ein Foto toter Exemplare ge-
kannt hatten. Diese Tiere nahmen sie zur Bestimmung mit nach Australien. Zu dieser Zeit war es noch erlaubt, lebende Tiere dorthin ein-
zuführen, und so konnte sich diese Art zunächst in der Aquaristik dort
verbreiten, aber es kamen auch bald erste Exemplare nach Europa.

Im Jahr 1981 nahm ALLEN dann die Erstbeschreibung dieser Art
vor. Er benannte sie nach Herbert Axelrod, der die Sammelreise
finanziell unterstützt hatte.

Auch diese Art lässt sich leicht vermehren. Ein paar Kleinig-
keiten sollte man aber doch beachten. Wie bereits erwähnt, kommen
die Tiere in sehr klarem und sauerstoffreichem Wasser vor. Es empfiehlt
sich also zum einen, für solche Bedingungen zur Aufzucht zu sorgen.
Dies erreicht man u. a., indem man möglichst jeden Tag einen wenn
auch kleinen Teil des Wassers gegen Frischwasser austauscht. Um
Futterreste zu beseitigen, ist auch der Besatz mit ein paar Schnecken

Melanotaenia herbertaxelrodi
Fotos: H.-G. Evers

zu empfehlen. Die Jungtiere benötigen während der ersten ca. 14 Tage sehr kleines Aufzuchtfutter wie beispielsweise Sera micron oder auch lebende Infusorien, danach kann man auf frisch geschlüpfte Artemien umsteigen. Mehrmalige Fütterung am Tag mit kleinen Mengen ist von Vorteil.

*Melanotaenia
lakamora*
Foto: H. Gewinner

Melanotaenia kamaka ALLEN & RENYAAN, 1996
Kamaka-Regenbogenfisch

Melanotaenia lakamora ALLEN & RENYAAN, 1996
Lakamora-Regenbogenfisch

Melanotaenia pierucciae ALLEN & RENYAAN, 1996
Pierucci-Regenbogenfisch

Dieses Kapitel befasst sich mit drei Arten von den Triton-Seen, die
Heiko Bleher im Juni 1995 zusammen mit Paola Pierucci und Patrick
de Rahm von einer Sammelreise dorthin nach Europa brachte, wo sie
in die Becken von Regenbogenfischfreunden gelangten und schnell
nachgezogen werden konnten.

*Melanotaenia pieruc-
ciae* nach dem Fang
Foto: F. Bleher

Am 14. Mai 1991, also vier Jahre vorher,
war Dr. Allen zusammen mit dem Sprachfor-
scher David Price und dessen Freund, Gary
Friesen, zu den Triton-Seen aufgebrochen.
Friesen flog mit seiner einmotorigen Cessna
mit einigen Zwischenstopps von der Missions-
station in Danau Biru bzw. Lake Holmes
(Fundort von *Chilatherina bleheri*) nach
Lobo am Rande der Tritonbucht im südlichen

West-Papua. Von dort wurden sie mit einem Boot von einem Ölsuch-
trupp nach Lorima auf der gegenüberliegenden Seite der Bucht gebracht, von wo aus sie nach einer dreistündigen Kletterpartie durch
rutschigen und blutegelverseuchten Regenwald den 5 km entfernten
Lake Kamakawaiar erreichten. Der See selbst ist etwa 10 km lang,
2–4 km breit und von steilen, bewaldeten Hügeln umgeben. Das
Gestein der Tritonseen ist kalkhaltig, der ermittelte pH-Wert von 8
überrascht deshalb nicht, weitere ermittelte Wasserwerte waren eine
Temperatur von 28,9 °C und eine Leitfähigkeit von 220 µS/cm. Unter
Zeitdruck wurden einige wenige Exemplare der später als *M. kamaka*
beschriebenen Art gesammelt und mitgenommen. Die Tiere für die
wissenschaftliche Beschreibung der anderen beiden Arten dagegen
stammten aus der bereits erwähnten Aufsammlung von Bleher und
Freunden im Jahr 1995, die außer dem Lake Kamakawaiar auch noch
die weiter im Inland gelegenen beiden Seen Lakamora und Aiwaso
aufsuchten. Diese liegen dicht beieinander und beherbergen nach
Bleher dieselben Fischarten (außer Regenbogenfischen wurden dort
auch eine Grundel- und eine Hartköpfchenart gefunden). Diese beiden
Seen liegen, durch einen Bergkamm abgetrennt, auch höher als Lake
Kamakawaiar.

Alle drei hier behandelten Regenbogenfischarten sind auch
heute noch in der Aquaristik anzutreffen – mehr bei Aquarianern,
weniger im Zoohandel. Die farblich schönste Art dürfte *M. lakamora*
sein. Erfreulicherweise sind diese Tiere aufgrund ihrer Größe – 8 cm
sind das Maximum, meistens erreichen sie etwa 6 cm – auch in
normal dimensionierten Aquarien
zu halten und auch leicht nach-
zuziehen. Zumindest *M. kamaka*
und *M lakamora* werden mit
zunehmendem Alter
sehr hochrückig.

Melanotaenia kamaka
Foto: G. Schmida

*Melanotaenia
maccullochi*
Foto: H. Gewinner

*Melanotaenia
maccullochi*, Porträt
Foto: G. Schmida

Melanotaenia maccullochi OGILBY, 1915
Zwergregenbogenfisch

Diese Art war der erste Regenbogenfisch überhaupt, den ich im Aquarium pflegte. Irgendwann ich den 1950er-Jahren, das Taschengeld war damals noch ziemlich knapp, konnte ich nach einer Betteltour quer durch die Familie vier Tiere in einem kleinen Bensheimer Zoogeschäft erwerben. Die schwammen dann so etwa zwei Jahre zusammen mit allem möglichen anderen in einem gut bepflanzten 50-cm-Aquarium umeinander, danach starben sie nach und nach.

Meines Wissens ist das die zweite Regenbogenfischart überhaupt, die lebend nach Deutschland gebracht wurde. Amandus Rudel, der bereits im Jahre 1927 dafür gesorgt hatte, dass *M. duboulayi* lebend nach Deutschland kam, schickte im Jahre 1934 zwölf Exemplare aus

Melanotaenia maccullochi, Fundort Skull Creek
Foto: G. Schmida

Melanotaenia maccullochi, Fundort Burton Creek
Foto: G. Schmida

Melanotaenia maccullochi, Fundort Fly River Region
Foto: G. Schmida

Melanotaenia maccullochi, Fundort Jardin River
Foto: G. Schmida

Melanotaenia maccullochi, Fundort Pandanus Creek
Foto: G. Schmida

Melanotaenia maccullochi, Fundort Ettybay
Foto: G. Schmida

dem Barron River in der Nähe von Cairns an Fritz Mayer vom Aquarium
in Hamburg. Vier Tiere kamen lebend an, und es gab Nachzuchten.

Heute ist diese hübsche kleine Art von vielen Fundorten sowohl
in Australien als auch Neuguinea bekannt. Während man im Handel
eigentlich immer nur eine seit langem bekannte Form antrifft, finden
sich bei Aquarianern viele (auch sehr unterschiedlich gefärbte und
unterschiedlich groß werdende) Formen, die man als Fundortvarianten
getrennt vermehren sollte. Nur so wird es möglich sein, diese sehr
unterschiedlichen Fische zu erhalten.

Sie sind, wie alle anderen Arten auch, Allesfresser. Man sollte aber bedenken, dass sie doch wesentlich kleiner sind als andere Gattungsvertreter, und sich beim Futter auch darauf einstellen. Die Nachzucht stellt keine besondere Herausforderung dar, gibt doch ein gesundes und gut im Futter stehendes Weibchen ganz sicher am Tag 20–30 Eier in das Laichsubstrat.

Das Vorkommen dieser Art in Australien und auf Neuguinea wird übrigens manchmal als Beleg dafür aufgeführt, dass beide Landmassen früher einmal über eine Landbrücke verbunden waren, und zwar dort, wo sich heute die Arafura-See befindet.

Melanotaenia nigrans (RICHARDSON, 1843)
Schwarzband-Regenbogenfisch

Dieser Fisch darf, obwohl gar nicht so weit verbreitet in der Aquaristik, in diesem Buch nicht fehlen, war er doch der erste überhaupt beschriebene Regenbogenfisch. Das erste Exemplar wurde im Jahre 1841 von einem Engländer namens John Gilbert mittels einer Angel, bestückt mit einer Fliegenmade, im Barron River nahe Cairns gefangen. Dort gibt es die Art übrigens heute gar nicht mehr. Am 21. März 1841 trat dieses Tier, eingebettet in Alkohol, seine Reise nach England an, wo es im September desselben Jahres ankam.

Die Art selbst ist in Nord-Australien entlang der Küste weit verbreitet, und verschiedene Fundortvarianten schwimmen bei den Liebhabern. Die ersten Tiere dieser Art kamen entgegen anders lautenden Meldungen allerdings erst im Jahre 1976 lebend nach Europa.

Melanotaenia nigrans,
Fundort Burster Creek
Foto: G. Schmida

Melanotaenia parkinsoni ALLEN, 1980
Orangefleck-Regenbogenfisch

Erstmals gefunden wurde diese Art im Jahre 1978 durch Allen in zwei kleinen Zuflüssen zum Kemp Welsh River im südöstlichen Teil von Papua-Neuguinea. Er nahm Exemplare lebend mit nach Australien, wo er sie im Jahr 1980 beschrieb. Auch die Nachzucht gelang. Benannt wurde die Art zu Ehren seines regelmäßigen Reisebegleiters Brian Parkinson.

Auch Bleher war wohl zu Beginn der 90er-Jahre im Lebensraum der Art und brachte eine gelbliche Form davon mit nach Europa, die wahrscheinlich die Grundlage der heute hier vorhandenen Stämme bildet. Allerdings weisen die inzwischen über viele Generationen nachgezogenen Tiere den Gelbton überhaupt nicht mehr auf. Wohl hauptsächlich durch Zuchtauslese haben sich daraus grellfarbene Tiere mit viel Schwarzanteil in den Flossen entwickelt, ja manche Exemplare sehen total überzeichnet aus. Warum diese Entwicklung bei dieser Art so heftig erfolgte, dafür habe ich keine Erklärung.

Bleher fand an anderer Stelle eine zweite Variante davon, von der er glaubt, es sei die Form mit den größten Rückenflossen.

Melanotaenia parkin-soni, Fundort Oriente
Foto: H. Gewinner

*Melanotaenia sexline-
ata*, **Fundort Tabubil**
Foto: H. Gewinner

Melanotaenia sexlineata (MUNRO, 1964)
Fly-River-Regenbogenfisch

Der wissenschaftliche Name dieser Art weist auf ihre waagerechten Streifen hin. Sie wird ihrer Zeichnung wegen manchmal auch als Sechsstreifen-Regenbogenfisch bezeichnet.

Gefunden wurde diese Art schon im Jahr 1937 durch Leutnant Stuart Campbell in einem Zufluss des oberen Fly River. Die wissenschaftliche Erstbeschreibung erfolgte erst sehr viel später, 1964.

*Melanotaenia sexline-
ata*, **Kussmaul-Porträt**
Foto: H. Gewinner

1982 brachte Allen Exemplare, die er nahe der Stadt Kiunga gefangen hatte, nach Australien, wo sie nachgezogen werden konnten. Von diesen Nachkommen gelangten wohl auch welche nach Europa.

Heiko Bleher gelang es in den 1990er-Jahren, eine weitere Variante in der Nähe von Tabubil zu fangen. Ich bekam damals Exemplare von ihm und konnte auf der Jahreshauptversammlung der IRG in Bensheim Tiere dieser besonders schönen Variante mit dem „roten Kussmaul" an Freunde weitergeben. Die Art ist auch heute noch in Europa vorhanden und wird immer wieder einmal vermehrt.

Für die Nachzucht sollte man in diesem Falle stets eine besonders sorgfältige Auswahl vornehmen, denn es treten immer wieder Exemplare auf, bei denen die Streifen nicht durchgehend sind, und das scheint sich bei der Nachzucht leider zu vererben.

Riesen werden diese Fische nicht – mit 8 cm Größe sind sie voll ausgewachsen, meistens bleiben sie sogar kleiner.

Melanotaenia splendida (PETERS, 1866)

Melanotaenia splendida inornata (CASTELNAU, 1875)
Melanotaenia splendida splendida (PETERS, 1866)
Melanotaenia splendida rubrostriata (RAMSEY & OGILBY, 1866)
Melanotaenia splendida tatei (ZIETZ, 1896)

Wenden wir uns nun einer Fischgruppe zu, die in der Vergangenheit durch wissenschaftliche Überarbeitungen bereits mehrmals umgruppiert wurde und zu der zeitweise auch die weiter vorne bereits beschriebenen Arten *M. australis* wie auch *M. solata* gestellt wurden. Es sind durchweg größere Tiere mit oftmals großen Flossen und prächtiger Zeichnung

Ganz sicher würde es den Rahmen dieses Büchleins bei weitem sprengen, auf diese Art mit ihren vier Unterarten auch nur einigermaßen

Melanotaenia splendida inornata, Adelaide River
Foto: G. Schmida

*Melanotaenia
splendida inornata,*
Flattrock River
Foto: G. Schmida

umfassend einzugehen, hier nur so viel dazu: *Melanotaenia s. rubrio-
striata* kommt weit verbreitet auf der Südhälfte Neuguineas vor, die
anderen drei Unterarten leben in Australien, am südlichsten davon
M. s. tatei, die darum auch die niedrigsten Temperaturansprüche hat.

Das Verbreitungsgebiet von *M. fluviatilis* überschneidet sich
teilweise mit dem der vorgenannten Art und reicht bis weit hinunter
nach Südost-Australien.

*Melanotaenia
splendida rubrostriata*
Foto: H. Gewinner

*Melanotaenia
splendida splendida*,
Cape River
Foto: G. Schmida

*Melanotaenia
splendida splendida*,
Deep Water Creek
Foto: G. Schmida

All diese Fische sind prächtig gefärbt und groß. Dazu leben bei
Aquarianern viele Fundortvarianten. Etliche besitzen im Vergleich zu
anderen Regenbogenfischarten riesige und wunderschön gefärbte
Flossen. Auch hier sollten nach meiner Auffassung, die einzelnen
Arten und Fundortvarianten immer getrennt gehalten werden, und
vor allem bei der Nachzucht ist darauf zu achten, dass es nicht zu
Vermischungen kommt.

*Melanotaenia
splendida tatei*,
Algebukina Waterhole
Foto: H. Gewinner

*Melanotaenia
trifasciata*, Fundort
Wonga Creek
Foto: G. Schmida

Melanotaenia trifasciata (RENDAHL, 1922)
Dreistreifen-Regenbogenfisch

Diese Fischart habe ich mir ganz bewusst bis zum Ende der ausführlichen Artporträts aufgehoben, denn von ihr existieren meines Wissens die meisten Fundortvarianten, und diese machen dem Namen „Regenbogenfisch" alle Ehre.

Das erste Exemplar dieser Art fand der norwegische Zoologe Knut Dahl im Juni 1894 im Mary River in der Nähe von Port Darwin. Das Artepitheton, das Hialmar RENDAHL 27 Jahre später wählte, nämlich „trifasciata" = „dreistreifig", erscheint zunächst einmal,

*Melanotaenia
trifasciata*, Fundort
Burster Creek
Foto: G. Schmida

Melanotaenia trifasciata, Fundort Mary River
Foto: G. Schmida

wenn man sich lebende Tiere anschaut, wenig treffend; der präparierte einzige Fisch, der damals gesammelt wurde, gibt da wesentlich mehr Aufschluss, denn konservierte Exemplare verlieren ihre Färbung weitgehend.

Weit über 20 Fundortvarianten sind bekannt, und jede davon hat im Vergleich zur nächsten völlig abweichende Farben – es sind wirklich alle Töne des Regenbogens vertreten. Die Färbung ist spektakulär und braucht sich auch hinter der äußerst plakativ gefärbter Meerwasserfische nicht zu verstecken.

Fast alle bekannten Fundortvarianten, die natürlich separat vermehrt werden sollten, sind in Europa vorhanden, besonders dank

Melanotaenia trifasciata, Fundort Hapgood River
Foto: G. Schmida

*Melanotaenia
trifasciati*, Fundort
Running Creek
Foto: H.-G. Evers

Melanotaenia trifasciata, Fundort Latram River
Foto: G. Schmida

dem Belgier Gilbert Maebe, der schon viele Reisen nach „Down Under"
unternommen hat und immer wieder Neues mitbrachte.

Außer den herrlichen Farben – auch hier wieder der Hinweis,
dass Seitenlicht diese noch verstärkt – beeindruckt auch die Größe
dieser Fische. Prachtexemplare mit 15 cm Länge und auch darüber
hinaus sind in großen Becken keine Seltenheit, wobei sie nach einigen
Jahren auch eine Höhe zwischen 6 und 8 cm erreichen können.

Die Geschlechter sind leicht unterscheidbar, sowohl durch ihre
Größe als auch durch Färbung und Beflossung: Die Männchen sind
das deutlich schönere Geschlecht.

Es sind Allesfresser, neben allem möglichen anderen sollte man
auch an Grünfutter denken – die Tiere holen Wasserlinsen von der

Melanotaenia trifasciata, Fundort McIvor River
Foto: G. Schmida

Oberfläche und verschmähen ganz sicher auch nicht überbrühten Salat oder Spinat.

Der nördlichste Verbreitungspunkt dürfte in etwa der genannte Typusfundort sein, insgesamt dehnt sich das Vorkommen über die Cape-York-Halbinsel bis weit westwärts ins Northern Territory aus. Im Jahre 1989 wurde die Art auch auf Melville Island gefunden, und jüngste genetische Untersuchungen von Peter J. UNMACK regen gar an, auch Exemplare vom Fly River (Neuguinea) und den Aru-Inseln dieser Art zuzurechnen.

Wie fast alle Regenbogenfische sind auch diese Fische Dauerlaicher. Gesunde Weibchen produzieren oft über einen längeren Zeitraum hinweg bis zu 50 Eier täglich. Diese sind mit 1–2 mm recht groß. Je nach Temperatur schlüpfen die Jungfische nach 6–8 Tagen.

Melanotaenia trifasciati, Fundort Running Creek
Foto: G. Schmida

Melanotaenia trifasciata, Fundort Pasco River
Foto: G. Schmida

Kurzporträts

Zum Abschluss möchte ich Ihnen noch rasch drei Arten vorstellen, die erst seit kurzem in der Aquaristik sind, aber das Potenzial haben, eine weitere Verbreitung zu finden.

Im Jahr 2007 unternahm Heiko Bleher eine Sammelreise zu den Aru-Inseln, die man auch unter das Motto stellen könnte „Auf den Spuren der Holländer – 100 Jahre später". Er brachte von dort neben *Pseudomugil*-Arten auch zwei *Melanotaenia*-Arten mit, die er zunächst *Melanotaenia* sp. „Aru 2" und *Melanotaenia* sp. „Aru 4" nannte. Max WEBER beschrieb vor rund einhundert Jahren von dort die Arten *Rhombatractus patoti* und *R. senckenbergianus* (heute zu *Melanotaenia* gestellt) – wahrscheinlich handelt es sich um diese beiden Arten.

Bild links: *Melanotaenia* sp. „Aru 2"
Foto: H. Gewinner

Bild rechts: *Melanotaenia* sp. „Aru 4"
Foto: H. Gewinner

Melanotaenia sp. „Aru 2", Paar
Foto: H.-G. Evers

Bild links: *Rhombatractus patoti*; Zeichnung von Max Weber (1910)

Bild rechts: *Rhombatractus senckenbergianus*: Zeichnung von Max Weber (1910)

Und nun möchte ich noch eine Art aus der Umgebung von Sorong vorstellen. Im Sommer 2008 erreichte mich der Anruf eines weiteren, bereits im Vorwort erwähnten „Fischverrückten", der mir erzählte, sein Freund Jeffry habe ihm Wildfänge von Regenbogenfischen geschickt. Man wisse nicht, um welche Art es sich handle. Wenn ich wolle, könne ich mir aber ein paar davon bei einem hessischen Zierfischimporteur abholen. Nun, ich wollte natürlich und fuhr auch sofort hin, um zehn Exemplare mitzunehmen. Inzwischen ist eines der Tiere in den USA genetisch untersucht worden – es gibt zwar kleine Abweichungen in der DNA, aber die Fische sind wohl als *Melanotaenia* cf. *fredericki* anzusprechen.

Melanotaenia cf. *fredericki*
Foto: H. Gewinner

Melanotaenia sp.
„Aru 2"
Foto: H.-G. Evers

Melanotaenia exquisita, Edith Falls
Foto: F. Schmida

Bezugsquellen

Ich hoffe sehr, ich konnte Ihnen mit diesem Buch Appetit auf eine sehr interessante Fischgruppe machen, und Sie haben die eine oder andere Anregung gefunden.

Dann möchte ich Sie auch jetzt nicht mit einem Problem allein lassen, das da schlicht und ergreifend lautet: „Wie komme ich an all die in diesem Buch beschriebenen Arten heran? Bei meinem Zoohändler schwimmen ja höchstens 2–4 davon."

Nun, wenn Sie das Glück haben und Ihr Händler interessiert sich auch für Ihre Wünsche, bitten Sie ihn doch einfach einmal, er möge in der Stockliste seines Großhändlers nachsehen, ob da nicht doch verschiedene Arten aufgeführt sind. Er könnte Ihnen dann Tiere mitbestellen.

Ein zweiter Weg führt heute über das Internet. Da gibt es viele Suchmöglichkeiten, und Sie werden ganz sicher schnell auf www.irg.de stoßen. Dahinter verbirgt sich die „Internationale Gesellschaft für Regenbogenfische", die in Deutschland und einigen anderen europäischen Ländern Mitglieder hat. Auch Länder- und Regionalgruppen existieren, die sich regelmäßig treffen und im Vorfeld stets Bestands- und Jungfischlisten an die Mitglieder versenden. Gesuchte Arten werden dann zu den Treffen mitgebracht. Sprechen Sie einen der Gruppenleiter an, er hilft Ihnen gerne weiter.

Zu guter Letzt möchte ich mich bei meinen Fischfreunden Heiko Bleher, Hans Georg Evers, Johannes Graf, Roland Hannemann, Gunther Schmida und Walter Servatius dafür bedanken, dass sie mit ihren Fotos zur Gestaltung dieses kleinen Büchleins beigetragen haben.

Literatur

ALLEN, G.R. (1995): Faszinierende Regenbogenfische. – Tetra, Melle.

GONELLA, H. (1996): Ratgeber Regenbogenfische. – bede, Ruhmannsfelden.

HIERONIMUS, H. (1998): Ihr Hobby, Regenbogenfische. – bede, Ruhmannsfelden.

HIERONIMUS, H. (1999): Herrliche Regenbogenfische. – Aqualog, Rodgau.

HIERONIMUS, H. (2002): Regenbogenfische und verwandte Familien. – Aqualog, Rodgau.

MAYLAND, H.J. (2001): Blauaugen und Regenbogenfische. – Dähne, Ettlingen.

SCHMIDA, G. (1998) Regenbogenfische. Gräfe und Unzer, München.

SCHUBERT, P. (1991): Regenbogenfische. – Urania, Freiburg.

UNTERGASSER, D. (1989): Krankheiten der Aquarienfische. – Kosmos, Stuttgart.

Zeitschriften:

AMAZONAS
    erscheint sechs Mal jährlich,
    Natur und Tier - Verlag GmbH
    An der Kleimannbrücke 39/41, 48157 Münster
    Tel.: 0251-133390, E-Mail: verlag@ms-verlag.de
    http://www.amazonas-magazin.de/

Die Internationale Gesellschaft für Regenbogenfische
    (http://www.irg-online.de) gibt vier Mal jährlich
    die Zeitschrift „Der Regenbogenfisch" heraus.

Internet:

http://members.optushome.com.au/chelmon/
    (auf Englisch)

Melanotaenia nigrans
„Bamboo"
Foto: F. Schmida